中国地质大学（武汉）地球科学科普图书创作与出版基金成果

蒙伢儿与妮妮的避险日记

——揭秘万州滑坡与崩塌

王伟 柴波 吴疆 孟耀 等著

中国地质大学出版社

图书在版编目(CIP)数据

蒙伢儿与妮妮的避险日记:揭秘万州滑坡与崩塌／王伟等著. --武汉:中国地质大学出版社,2023.4

ISBN 978-7-5625-5485-1

Ⅰ.①蒙… Ⅱ.①王… Ⅲ.①三峡工程－地层－滑坡－青少年读物 ②三峡工程－地层－山崩－青少年读物 Ⅳ.①P642.2-49 ②TV632.71-49

中国国家版本馆CIP数据核字(2023)第030008号

蒙伢儿与妮妮的避险日记:揭秘万州滑坡与崩塌	王伟 等著
MENGYAR YU NINI DE BIXIAN RIJI: JIEMI WANZHOU HUAPO YU BENGTA	

责任编辑:谢媛华	选题策划:江广长 舒立霞 谢媛华	责任校对:徐蕾蕾

出版发行:中国地质大学出版社(武汉市洪山区鲁磨路388号)	邮编:430074
电话:(027)67883511 传真:(027)67883580	E-mail:cbb@cug.edu.cn
经销:全国新华书店	http://cugp.cug.edu.cn
开本:889毫米×1194毫米 1/24	字数:72千字 印张:3.25
版次:2023年4月第1版	印次:2023年4月第1次印刷
印刷:湖北金港彩印有限公司	
ISBN 978-7-5625-5485-1	定价:32.00元

如有印装质量问题请与印刷厂联系调换

《蒙伢儿与妮妮的避险日记
——揭秘万州滑坡与崩塌》
出版编撰委员会

主　　任：王　伟
副 主 任：柴　波　吴　疆　孟　耀　李　鑫
技术指导：殷坤龙　白　波　卢长虹
编　　撰：汪　洋　陈丽霞　李德营　杜　娟
　　　　　桂　蕾　李远耀　曹　颖　周　超
　　　　　苗发盛　夏　浩　金　纯　陈娟娟
　　　　　刘庆丽　李　东　隆知汛
美　　术：肖惠心　杨琴瑶

前言 Preface

  我国地质条件复杂，地质灾害种类多、分布地域广、发生频率高、造成损失重，防灾减灾救灾任重而道远。尤其是近年来，随着全球气候变暖，受极端天气事件频发的影响，地质灾害发生的频率不断增加，地质灾害防控压力越来越大。同时，随着城镇化建设的不断推进，人类工程活动日益加剧，自然灾害引发的链式效应会进一步扩大地质灾害的风险和损失。

  党的十八大以来，党和国家领导人高度重视地质灾害防灾减灾工作。2018年10月，习近平主持召开中央财经委员会第三次会议时提出，要建立高效科学的自然灾害防治体系，提高全社会自然灾害防治能力。党的十九大报告提出要健全公共安全体系、提升防灾减灾救灾能力。地质灾害科普宣传工作有利于向人民群众普及地质灾害防治的知识，提高广大人民群众应对地质灾害的能力，是最大限度地降低灾害风险、减少灾害损失的有力举措，也是构建高效科学地质灾害防治体系的重要一环。

  为积极响应国家科教兴国战略，同时为提高人民群众，尤其是青少年对地质灾害的科学认识及防灾减灾能力，笔者基于中国地质大学（武汉）地质灾害风险研究团队扎根重庆市万州地区三十余载的科研实践，以万州地区典型的滑坡、崩塌地质灾害为切入点，编撰了本科普读物。

重庆市地处三峡库区腹地，是西南地区国家重点建设的国际综合性交通枢纽，是"西部大开发"的重要战略支点，也是"一带一路"和"长江经济带"的重要联络点。万州区是重庆的东北门户，地质条件复杂，地形起伏较大，地质灾害分布范围广、密度大，是三峡库区地质灾害发育最频繁、最集中的地区之一。作为立足万州成长起来的科研团队，如何通过简单朴素的文字、生动有趣的故事、直观形象的画面将地质灾害专业知识宣传得深入人心是本书考虑的核心，也是笔者和团队对万州最好的回馈。

为此，笔者以万州区地质环境背景和地质灾害发育特色为基础，塑造了"蒙伢儿"和"妮妮"两个生动活泼的卡通形象，在万州的秀丽山川中展开了一段认识地质灾害的奇幻探险。同时，故事中还穿插了当地的自然和文化特色，读者在"历险"中能身临其境并产生共鸣。考虑到地质灾害是一种复杂的地表动力过程，静态的展示难以使青少年读者真正理解，因此笔者和创作团队投入了大量的精力制作了与之匹配的两集科普动画，并通过片段剪辑以二维码的形式放置在了相应页面，"扫一扫"即可让科普知识动起来。

本科普读物和动画在创作过程中，得到了中国地质大学（武汉）殷坤龙教授与重庆市万州区规划和自然资源局局长白波、副局长卢长虹的悉心指导，以及武汉地学之旅信息技术有限公司的技术支持，在此一并表示衷心感谢。限于作者水平，书中难免有不妥之处，敬请读者批评指正。

笔者

2022年8月1日

目录 Contents

蒙伢儿讲故事

人物介绍 ·················· 03
蒙伢儿和妮妮最喜欢哪里？······ 04
一起去万州探险吧！
——地图迷宫 ·················· 06
蒙伢儿爱睡觉 ·················· 08
蒙伢儿怕下雨 ·················· 11
科普小课堂 ·················· 12
　蒙脱石吸水后性质变化 ······ 12
　诱发地质灾害的外部因素 ······ 13
收集徽章咯！·················· 15

揭秘滑坡和崩塌（上）——认识篇

遇到滑坡啦！·················· 18
什么是滑坡？·················· 20
万州的滑坡不一样 ·············· 22
　万州的近水平地层滑坡 ········ 22
　万州的堆积层滑坡 ············ 24
　万州的滑坡涌浪 ·············· 26
遇到崩塌啦！·················· 28
崩塌大揭秘 ·················· 30
万州的崩塌不一样 ·············· 33

揭秘滑坡和崩塌(下)——安全篇

- 怎么提前发现滑坡? ---------- 36
- 遇到滑坡怎么办? ---------- 38
  - 野外遭遇滑坡怎么办? ---------- 39
  - 室内遭遇滑坡怎么办? ---------- 40
- 哪些地方容易发生崩塌? ---------- 42
- 记住崩塌的前兆 ---------- 44
- 猜猜哪里最安全? ---------- 46
- 如何保护自己 ---------- 48
- 区分滑坡和崩塌 ---------- 50
- 野外逃生后该做什么? ---------- 53
- 群测群防 共抗地灾 ---------- 54
- 崩塌与滑坡的应对之治理 ---------- 56
- 崩塌与滑坡的应对之预防 ---------- 58
- 地灾预防 从我做起 ---------- 60

- 故事结尾 ---------- 62
- 参考答案 ---------- 65
- 附件 ---------- 66

> 大家好，我是蒙脱石蒙伢儿，因为我通体灰白，朋友们也叫我白马王子。

蒙伢儿（蒙脱石）

身体颜色　灰白色
喜欢的颜色　淡红色和绿色
喜欢的事情　晒太阳、睡觉
性格　冲动

　　黏土矿物，当温度达到100~200℃时会逐渐失水，失水后可以重新吸收水分子，并膨胀到原体积的几倍，变成糊状物。

> 大家好，我是泥岩妮妮，是广泛分布于我国三峡库区的一种软弱地层，我喜欢穿紫红色的衣服，我的缺点是扛不住压力，容易心碎，呜呜呜……

妮妮（泥岩）

身体颜色　紫红色
喜欢的颜色　红色、粉红色
喜欢的事情　学习地理知识
性格　柔弱

　　沉积型岩石，局部失去可塑性，透水性差，遇水不会立即膨胀。万州的泥岩主要形成于侏罗系，呈紫红色，遇水易软化、崩解破碎。

人物介绍
Characters introduction

> 大家好,我是你们的群测群防员万叔,有什么需要帮助的事情都可以找我哦.

万叔

喜欢的颜色 绿色
喜欢的事情 帮助他人,巡山
性格 热情

村书记,平时热心帮助村民,为建设好美丽乡村努力,同时也是守护全体村民安全的群测群防员。

Let's explore Wanzhou together!

一起去万州探险吧!
—— 地图迷宫

重庆万州是蒙伢儿和妮妮最喜欢的地方,现在妮妮要前往万州,和蒙伢儿一起开始在万州的探险,快帮帮她吧!

用铅笔画一画,看看这条路怎么走最短呢?

蒙伢儿怕下雨

Mengyar hates rainy days

> 哎呀，下雨啦，蒙伢儿哥哥快醒醒，雨水下渗后会把你泡软泡胀，容易让这里的地层发生变化，甚至会发生滑坡和崩塌。

砂岩

蒙脱石是一种亲水性矿物，吸水后体积会变大几倍，产生膨胀力；同时，它的强度会降低，导致抗滑能力减弱，是孕育万州地区水平地层滑坡的主要内在条件。

泥岩

砂岩

泥岩

科普小课堂
Popular science classroom

扫码观看蒙脱石（蒙伢儿）吸水后性质变化和诱发地质灾害的外部因素

① 蒙脱石吸水后性质变化

亲水性
对水有较大的亲和力，吸收水分子

膨胀性
吸水后体积变大数倍，产生膨胀力

软化性
吸水后强度降低，更加软弱

2 诱发地质灾害的外部因素

滑坡等地质灾害的发生除了具备不利的地形地貌（如陡峻的地形）、地层岩性（如含蒙脱石软弱夹层）等内部条件外，通常还要具备一定的外部诱因。主要的外部诱因有强降雨、地震、库水位波动、采矿爆破、建房或修路开挖坡脚等。

强降雨

地震

库水位波动

采矿爆破

建房开挖坡脚

收集徽章咯!
Let's collect badges!

> 走,看谁先集齐哦!

揭秘 滑坡和崩塌(上)

Revealing the secrets of landslide and rockfall – Fundamental knowledge

—— 认识篇

What is landslide?
什么是滑坡?

滑坡是指斜坡上的岩土体,在重力的作用下,沿着一定的软弱面滑动,整体或者分散顺坡向下运动的地质现象。

- 滑坡台地
- 滑坡台坎
- 鼓胀裂缝
- 滑坡舌
- 扇形张裂缝

来,我们看看这个滑坡的要素,比比谁记得多!

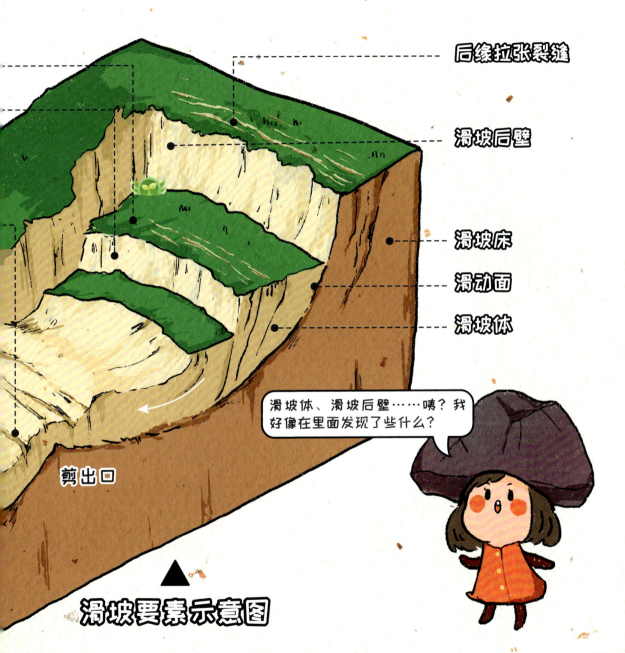

万州的滑坡不一样
Typical landslides in Wanzhou

① 万州的近水平地层滑坡

> 蒙伢儿哥哥，我听说咱们万州地区长江库岸两侧有很多古老的大型滑坡，但是长江两侧的岩层都是近水平的，近水平的岩层为什么会滑动呢？

> 万州地区广泛分布着侏罗纪形成的砂岩、泥岩地层，砂岩较硬，泥岩较软，它们一层接着一层，形成了类似"夹心饼干"的地层结构。富含蒙脱石的泥岩就像柔软的夹心，是形成万州近水平地层滑坡的内部条件。

砂岩

泥岩

砂岩

扫码观看万州滑坡涌浪的形成过程

滑坡涌浪的发生

江边大规模滑体快速入水

在江面上激起涌浪

打翻船只和冲击对岸房屋

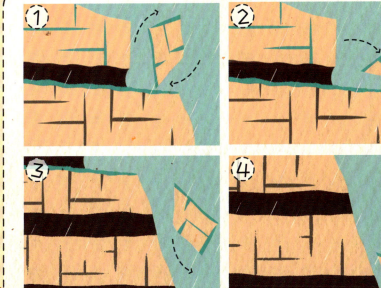

科普小贴士

崩塌是位于陡崖、陡坡前缘的部分岩土体突然与母体分离，以翻滚、跳跃、撞击的形式运动，最后堆积于坡脚的过程与现象。

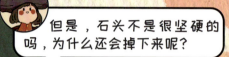

万州的崩塌不一样

Mechanism of the rockfalls in Wanzhou

扫码观看万州崩塌的形成过程

> 到了下雨的时候，这些裂隙被水渗透，咱们自己也是泥菩萨过河——自身难保，被泡软之后，实在撑不住上方的岩石，就会形成崩塌。

①万州的崩塌原因主要是上覆硬质厚层——巨厚层砂岩，且砂岩下伏软弱的泥岩地层。

凹腔

②泥岩抗风化能力较弱，在上覆砂岩压力和降雨入渗的影响下，易崩解破碎，形成凹腔。

③凹腔的存在会使上覆硬质砂岩失去支撑，从而形成崩塌。

Revealing the secerets of landslide and rockfall – Escape and rescue

揭秘
滑坡和崩塌（下）
——安全篇

怎么提前发现滑坡?

How to identify landslide in advance?

我来考考你

妮妮,滑坡和崩塌你已经了解了,那你知道咱们在野外怎么发现它们吗?

山坡表面放射状裂缝

墙体开裂

坡脚处土体凸起

坡脚处泉水复活

这个我知道,滑坡的前兆可不少!

一般来说,滑坡发生前地形地貌会发生变化,比如山坡上会出现各种裂缝。

坡上的树木、设施也会有明显的异常,比如墙体开裂,电线杆、树木歪斜。

水文地质方面的变化可通过观察水位异常来判断,比如坡脚处泉水复活(或干枯)、山坡上的池塘突然干涸等。

没错，这些前兆能够帮助人们发现滑坡，而滑坡发生后也会为人们留下辨别它们的痕迹，比如这些奇怪的大树。

它们看起来东倒西歪的，像是喝醉酒一样，可真好笑。

互动问答

大家可以来猜猜看，坡上的大树为什么会长成这样呢？等集齐徽章之后，我就告诉你们答案哟。

扫码观看怎么识别滑坡发生的前兆

遇到滑坡怎么办？
What should we do if we encounter landslide?

要是真的遇到滑坡该怎么办呢？

那得看当时你在哪儿。

① 野外遭遇滑坡怎么办?

如果你在滑坡体上,要第一时间向山体两侧逃生,千万不能顺着滑动方向和滑坡"赛跑"。

在外朝两边

② 在室内遭遇滑坡怎么办？

扫码观看遇到滑坡如何逃生

屋里朝上跑

如果你在房子里面，就往二楼或者楼顶上跑，躲到一个没有太多家具的房间，以免受到周围物体撞击。若时间充裕，可以提前把门窗打开。

往二楼或者楼顶上跑

躲到没有太多家具的房间

提前把门窗打开

如果你被困在房子里，要尽量制造噪声和动静，让周围的救援人员及时发现你。

嗯嗯，我一定好好记住。

哪些地方容易发生崩塌？

Which places are prone to be rockfalls?

> 那崩塌容易在哪些地方发生呢？

> 野外这些地方容易发生崩塌。

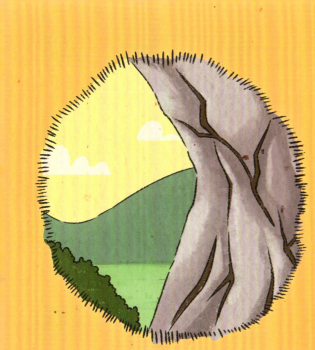

陡崖上的岩体比较破碎,横纵裂隙发育

裂隙地下水丰富,不断有地下水流出

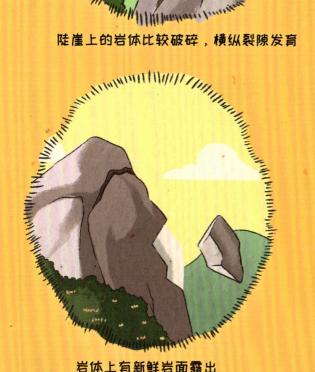

岩体上有新鲜岩面露出

坡脚有碎块石堆积

扫码观看崩塌的易发区域和发生的前兆

喀 喀 喀

蒙伢儿哥哥,咱们上方正好是个危岩体,看着挺危险的,会不会马上发生崩塌呀?

一般来说,崩塌发生前会有前兆,前兆主要有三点:
① 陡崖上岩体后部出现裂缝;
② 岩体局部出现掉块、小落石,小崩小塌不断发生;
③ 岩质崩塌体偶尔发生撕裂摩擦的声音.

因此,咱们在陡崖下面的时候可要仔细观察哦,关键时候能保护自己和他人.

涂色游戏

找到左侧画面中崩塌的三种前兆,在下面选中它们并涂上颜色.

A.岩石发出撕裂摩擦的声音

B.陡崖上岩体后部出现裂缝

C.树木生长茂盛

D.岩体局部出现掉块

猜猜哪里最安全
Guess where is the safest place

好了，说到这里，有个问题要考考妮妮．

如果你在野外露营，上方不远处有危岩体，哪个位置才是最安全的？

我知道，我知道，是D区，肯定是越远越安全啦．

互动问答
猜一猜，站在哪里才是最安全的？

38°

A

脖子有点痛

How to protect ourselves?
如何保护自己？

> 崩塌和滑坡这么危险，我们该如何保护好自己呢？

① 滑坡发生了！你应该……

☐ A 向两侧逃生

☐ B 原地停留

② 下雨了，在陡崖凸出的危岩下方，你应该……

☐ A 停留避雨

☐ B 赶快离开

区分滑坡和崩塌

Distinguish landslide and rockfall

> 蒙伢儿哥哥，你能教教我怎么区分滑坡和崩塌吗？

> 崩塌和滑坡可以从以下四点来区分。根据描述，判断以下图片是滑坡还是崩塌，并打上勾，加油哦。

① 堆积物形状

崩塌物常堆积在山坡脚，呈锥形，看起来乱糟糟的，而滑坡堆积物看起来形态完整。

○ A.崩塌　○ B.滑坡

○ A.崩塌　○ B.滑坡

② 下滑速度

崩塌的岩块坠落速度极快，而滑坡下滑需要一定时间，运动相对较慢。

○ A.崩塌　○ B.滑坡

○ A.崩塌　○ B.滑坡

判断游戏
选择你认为的正确答案

③ 脱离山体的状态

崩塌体完全脱离山体，而滑坡体则很少完全脱离山体。

◯ A.崩塌　◯ B.滑坡

◯ A.崩塌　◯ B.滑坡

④ 垂直和水平位移距离

崩塌物的垂直位移量远大于水平位移量，而多数滑坡体的水平位移量大于垂直位移量，滑动距离很大。

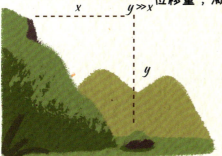

◯ A.崩塌　◯ B.滑坡

◯ A.崩塌　◯ B.滑坡

扫码观看逃生以后应该做什么

> 蒙伢儿哥哥,我们在野外遇到地质灾害,脱离危险之后该做些什么呢?

> 我们在脱离危险后,要及时与自然资源和应急管理等部门取得联系,或者与当地的群测群防员联系,及时发布地质灾害预警,就能避免更大的损失。

话务员

科普小贴士

在我国的地质灾害防治体系中,自然资源部门负责地质灾害防治工程的组织协调、指导和监督,包括地质灾害点的调查、监测、日常管理等;应急管理部门负责地质灾害发生后的应急救援工作,包括疏散群众至安全避难场所、安排受灾群众生活等。

我国还建立了比较完备的地质灾害群测群防体系，即依托灾害点所在村（居）民委员会和人民群众的广泛力量，开展地质灾害的前兆调查、日常巡查和简易监测。咱们的万叔就是群测群防员，因此发生灾害后，也可以第一时间向当地群测群防员报告哦。

群测群防 共抗地灾

Mass people monitoring and prevention to mitigate geological hazards

— 万叔，咱们群测群防员的工作内容主要是什么呀？

— 我们主要负责对灾害体开展宏观巡查和简易监测，特别是雨季或者汛期来临，我们就必须提高警惕，做好以下工作。

① 我们要巡查斜坡地带的坡体上是否有裂缝、下错、垮塌等地表变形现象，对房屋裂缝进行简易的监测，每天记录裂缝是否变大拉开。

② 还要巡查陡崖岩体的岩石有没有松动现象，地上有没有零碎块石掉落，岩壁有没有新鲜面露出等。

崩塌与滑坡的应对之治理

Treatment for landslide and rockfall

截排水工程

削坡

滑坡

抗滑桩

挡土墙

万叔,咱们万州每到雨季,崩塌和滑坡就时常发生,有什么好方法应对吗?

咱们现在已经有很多法宝啦,可以有效降低灾害损失。

拦挡网

崩塌

锚固

对于稳定性差、威胁对象多的灾害体,我们可以采用工程措施加以防治,比如削坡、抗滑桩、挡土墙、截排水工程等(主要针对滑坡),以及危岩清除、锚固、拦挡网等(主要针对崩塌)。

危岩清除

崩塌与滑坡的应对之预防

Prevention for landslide and rockfall

> 对危害有限、基本稳定的灾害体，我们可以安装相关的专业监测设备来检查他们的"身体变化"。

> 用深部位移监测系统获取斜坡的内部变形信息。

> 比如，用咱们的北斗卫星导航系统获取斜坡的地表变形信息。

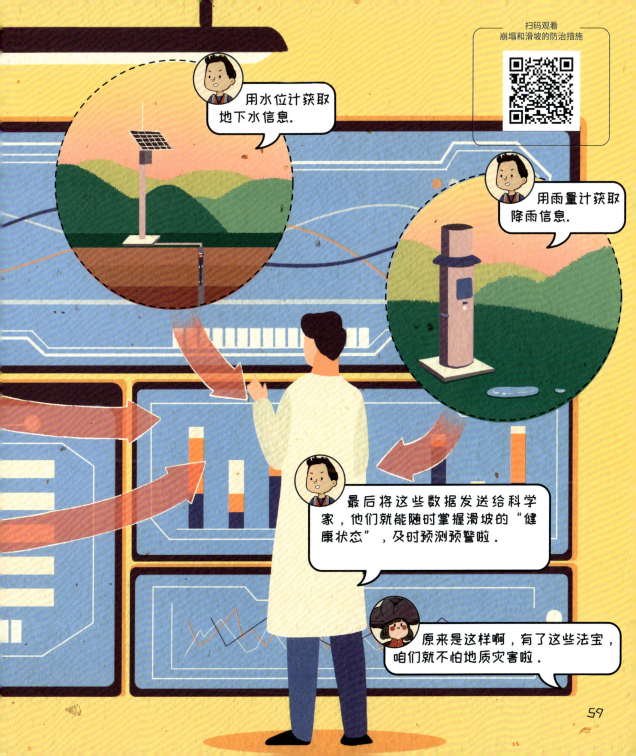

故事结尾 Ending

灾害无小事，预防要及时

地灾防治，人人有责，大家一起参与，就能更好地保护我们的家园。

徽章藏在这些地方，你找到了吗？

之前问题的答案都在这里哦，再巩固一下吧！

P26-P27

想一想，这些掉下来的石头会造成哪些危害？

横在路中央的大石头是崩塌掉落的石块，在它滚落时会砸断树木、毁坏护坡、威胁过往行人和车辆安全，而没有及时清理的石块、树木等会影响道路交通安全。

P34-P35

大家可以来猜猜看，坡上的大树为什么会长成这样呢？

山坡上长得东倒西歪的树被称为"醉汉林"，是新滑坡整体、慢速滑动的标志。滑坡时地表土层下陷，土层表面的树木会随着土层移动而移动，而滑坡停止后，树木却不能恢复原状，于是就长成了这样。

P42-P43

崩塌的前兆你都找到了吗？

A.岩石发出撕裂摩擦的声音
B.陡崖上岩体后部出现裂缝
D.岩体局部出现掉块

P44-P45

猜一猜，站在哪里才是最安全的？

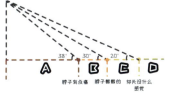

Ⓐ 极危区　Ⓑ 重危区
Ⓒ 中危区　Ⓓ 低危区 ✓

P46-P47

如何保护自己——判断游戏

① A　② B
③ B　④ A

P48-P49

区分滑坡和崩塌——判断游戏

① AB　② AB
③ BA　④ AB

65

附件 Appendix